BEI GRIN MACHT SICH IHR WISSEN BEZAHLT

- Wir veröffentlichen Ihre Hausarbeit, Bachelor- und Masterarbeit

- Ihr eigenes eBook und Buch - weltweit in allen wichtigen Shops

- Verdienen Sie an jedem Verkauf

Jetzt bei www.GRIN.com hochladen und kostenlos publizieren

Bibliografische Information der Deutschen Nationalbibliothek:

Die Deutsche Bibliothek verzeichnet diese Publikation in der Deutschen Nationalbibliografie; detaillierte bibliografische Daten sind im Internet über http://dnb.d-nb.de/ abrufbar.

Dieses Werk sowie alle darin enthaltenen einzelnen Beiträge und Abbildungen sind urheberrechtlich geschützt. Jede Verwertung, die nicht ausdrücklich vom Urheberrechtsschutz zugelassen ist, bedarf der vorherigen Zustimmung des Verlages. Das gilt insbesondere für Vervielfältigungen, Bearbeitungen, Übersetzungen, Mikroverfilmungen, Auswertungen durch Datenbanken und für die Einspeicherung und Verarbeitung in elektronische Systeme. Alle Rechte, auch die des auszugsweisen Nachdrucks, der fotomechanischen Wiedergabe (einschließlich Mikrokopie) sowie der Auswertung durch Datenbanken oder ähnliche Einrichtungen, vorbehalten.

Impressum:

Copyright © 2016 GRIN Verlag, Open Publishing GmbH
Druck und Bindung: Books on Demand GmbH, Norderstedt Germany
ISBN: 9783668516786

Dieses Buch bei GRIN:

http://www.grin.com/de/e-book/372165/affinitaetschromatographie-und-charakterisierung-von-immunglobulinen

Anita Greinke

Affinitätschromatographie und Charakterisierung von Immunglobulinen

Versuch zum Biochemischen Grundpraktikum für Chemiker

GRIN Verlag

GRIN - Your knowledge has value

Der GRIN Verlag publiziert seit 1998 wissenschaftliche Arbeiten von Studenten, Hochschullehrern und anderen Akademikern als eBook und gedrucktes Buch. Die Verlagswebsite www.grin.com ist die ideale Plattform zur Veröffentlichung von Hausarbeiten, Abschlussarbeiten, wissenschaftlichen Aufsätzen, Dissertationen und Fachbüchern.

Besuchen Sie uns im Internet:

http://www.grin.com/

http://www.facebook.com/grincom

http://www.twitter.com/grin_com

Ruhr- Universität Bochum
Fakultät für Chemie und Biochemie
Sommersemester 2016

Lehrstuhl für Biochemie II
Biochemisches Grundpraktikum für Chemiker

Versuch G-06 –
Affinitätschromatographie

und

Charakterisierung von Immunglobulinen

Datum: 28.04.2016

Inhaltsverzeichnis

1 Einleitung 3

2 Material & Methoden 5

2.1 Ammoniumsulfatfällung 5
2.2 Gelchromatographie 6
2.3 Affinitätschromatographie 7
2.4 Photometrische Bestimmung 8
2.5 Ouchterlony Doppeldiffusionstest 9

3 Ergebnisse 10

4 Diskussion 12

5 Literaturverzeichnis 13

6 Anhang 14

1 Einleitung

Zur Grundlage des inhaltlichen Verständnisses des Praktikumsversuches gehört die Frage nach der Bedeutung von Antikörpern. Daher soll im Folgenden die Frage „Was sind Antikörper?" erörtert werden.

Da alle Lebewesen mit anderen Organismus ständig in Kontakt treten, v.a. auch Pathogenen, muss das Immunsystem des Körpers, bei einem Übertritt der physikalischen Barriere der Haut und Schleimhäute in den Körper, diese als fremd erkennen und zerstören, damit kein Schaden im Organismus entstehen kann. Bei der Immunität werden zwei Arten unterschieden: die zelluläre Immunität und die humorale Immunität.

Für die Betrachtung in diesem Protokoll wird sich auf die humorale Immunität beschränkt. Diese Immunität stellt einen sehr effektiven „Schutz vor bakteriellen Infektionen und extrazellulär auftretenden Viren" (Voet/Voet, S. 229) dar. Die Antikörper bzw. Immunglobuline (=Proteine) bilden dabei den Träger diesen Vorganges. Die B-Lymphocyten oder B-Zellen, welche im Knochenmark heranreifen, produzieren die Antikörper.

„Die Immunglobuline (**Ig**) bilden eine verwandte, aber unglaublich diverse Proteingruppe" (Voet/Voet, S. 229). Sie bestehen aus mindestens vier Untereinheiten: zwei leichten Ketten (L) und zwei schweren Ketten (H). Durch Disulfidbrücken und nicht kovalenten Wechselwirkungen entsteht eine Y-förmige symmetrische Molekülstruktur.

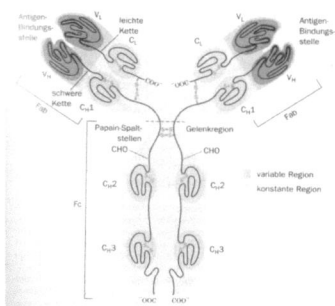

Abb. 1 Schematische Darstellung eines menschlichen IgG-Moleküls (Voet/Voet, S. 231). Das Bild befindet sich in besserer Qualität im Anhang.

Es gibt fünf unterschiedliche Immunglobulinklassen, welche sich im Typ ihrer schweren Kette und in der Struktur der Untereinheiten unterscheiden:
- IgG → wird im Rahmen einer langsamen Abwehrreaktion

gebildet und bleibt lange im Körper enthalten.
- IgA → ist darauf spezialisiert auf Körperoberflächen Krankheitserreger abzufangen.
- IgM → ist bereits in der Frühphase der Immunabwehr aktiv.
- IgE → vermittelt Schutz vor Parasiten.
- IgD → spielt eine Rolle bei der Aktivierung der B-Lymphozyten.

Da als ein wichtiger Bestandteil des Experiments das BSA Serum (Bovine Serum Albumin) genutzt wird, soll in der Einleitung kurz darauf eingegangen werden. Bei BSA (Rinderalbumin) handelt es sich um einen, durch Fraktionierung gewonnener, Bestandteil von Rinderplasma, welches zur Kalibrierung von Testverfahren und bei immunologischen Nachweisverfahren verwendet wird. Es wird dabei eingesetzt, um unspezifische Bindungen von Ig an die Kunststoffoberfläche der Mikrotiterplatte bzw. Agarose-Beads zu verhindern, weiterhin wird es in der Bioanalytik als Markerprotein bei der Gelelektrophorese verwendet Es gehört zu der Gruppe der globulären Proteine.

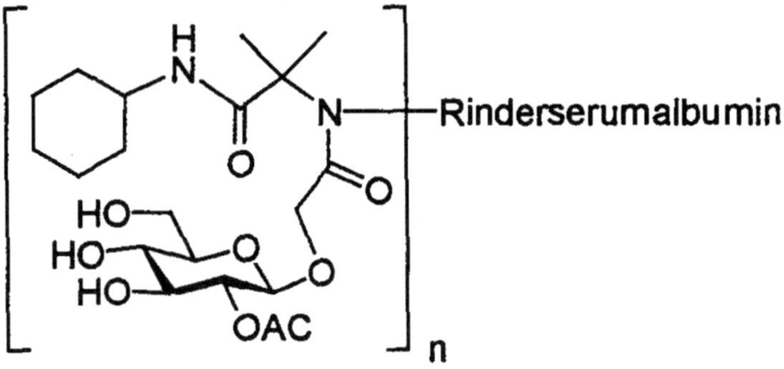

Abb. 2 Darstellung eines Rinderserumalbumins (https://data.epo.org/publication-server/image?imageName=imgb0007&docId=4618943)

2 Material & Methoden

In diesem Kapitel werden für jeden Versuchsteil zunächst allgemeine Angaben zur Funktionsweise und den Prinzipien gegeben. Anschließend erfolgt der Bericht der tatsächlichen Durchführung.

2.1 Ammoniumsulfatfällung

Das anti-BSA-Serum wird mit einer 40%igen Ammoniumsulfat-Fällung bearbeitet. Hierbei handelt es sich um eine Proteinfällung durch Aussalzen. Der Vorgang ist insofern effektiv, da Salze das Löslichkeitsverhalten von Proteinen erheblich beeinflussen. In geringer Konzentration erhöhen sie die Löslichkeit eines Proteins, bei einer Erhöhung der Konzentration des Salzes nimmt die Löslichkeit von Proteinen ab und es kommt zum Aussalzen des Proteins aus der Lösung. Dieser Effekt beruht v.a. auf der Konkurrenz von Proteinen und Salz-Ionen um die solvatisierenden Wasser-Moleküle. Bei der Salzfällung wird ausgenutzt, dass Proteine nur dann in Lösung vorliegen, wenn sie über eine ausreichende Hydrathülle aus Wasser-Molekülen verfügen. In diesem Versuch wird Ammoniumsulfat verwendet, da es eine gute Löslichkeit aufweist, es lassen sich somit hohe Ionenstärken erreichen und die ausgesalzenen Proteine werden nicht denaturiert, was für die weiterfolgenden Schritte von hoher Wichtigkeit ist. Dieser Schritt steht an erster Stelle des Versuchs, da im weiteren Verlauf mit dem Protein (außerhalb einer Lösung) gearbeitet werden soll.

In der tatsächlichen Durchführung wurden 240 µl anti-BSA-Serum und 165 µl Ammoniumsulfatlösung in ein Eppi unter ständiger Kühlung (via Eisbad) gegeben und miteinander durch Hoch- und Herunterpipettieren vermischt. Anschließend wurde bei 14.000 rpm für 10 Minuten zentrifugiert und der Überstand verworfen.

2.2 Gelchromatographie

Bei der Gelchromatographie handelt es sich um ein Trennverfahren, wobei als charakteristischer Faktor die Größe der Proteine zählt. Das Proteingemisch wird mit einem geeigneten Puffer versetzt (in diesem Versuch 1xPBS[1]) und über eine Säule mit einem inerten polymeren Material definierter Porengröße (in diesem Versuch Sephadex G50-Säule) gegeben. Proteine unterschiedlicher Größe dringen unterschiedlich weit in diese Poren ein und wandern daher verschieden schnell durch die Säule. Je größer das Protein ist, desto schneller ist es.

Das Sediment (aus 2.1) wurde im weiteren Verlauf in 150 µl Waschpuffer, (1x PBS, pH 7,4) gelöst und mit einer Spatelspitze Hämoglobin als Marker für die Säulenchromatographie (Hb ist fast genauso groß wie das Protein) versetzt. Die Antikörper befanden sich somit in der roten Lösung. Die Sephadex G50-Säule wurde für den Versuch vorbereitet. Dazu wurde sie an ein Stativ befestigt und sowohl im oberen, wie auch im unteren Bereich geöffnet, damit die noch vorhandene Flüssigkeit (Ethanol als Konservierungsmittel) austreten konnte. Die Gelchromatographie-Säule wurde mit 15 ml Waschpuffer gewaschen (die Säule wurde in Ethanol konserviert, weshalb ein Waschvorgang mit dem Puffer notwendig war, damit keine unerwünschten Reaktionen/ Verdünnungsreihen entstanden). Dazu wurde abgewartet, dass kein Waschpuffer mehr aus der Säule austrat, wobei zur Sicherung der untere Deckel nochmals aufgesetzt wurde, damit eventuelle Ansammlungen nochmals bei Entfernen austreten konnten. Die Probe wurde anschließend auf die Säule gegeben und abgewartet, dass sie eingesickert war:

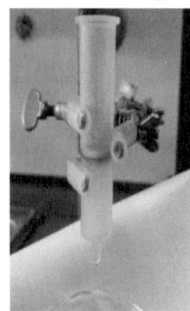

Selbsterstelltes Foto

---

[1] Phosphatgepufferte Salzlösung als Puffer: 8,1 mM Na_2HPO_4, 138 mM NaCl, 2,7 mM KCl, 1,47 mM KH_2PO_4.

Daraufhin wurde die Probe mit PBS eluiert:

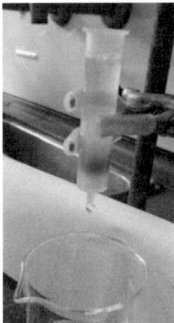

Selbsterstelltes Foto

Die rote Fraktion wurde in einem Eppi aufgefangen, da diese für die Affinitätschromatographie (Kapitel 2.3) verwendet wurde. Zum Abschluss wurde die Säule mit 15 ml Waschpuffer gespült, dann mit 5 ml 20% Ethanol gewaschen und anschließend wieder in 20% Ethanol konserviert.

2.3 Affinitätschromatographie

Bei der Affinitätschromatographie handelt es sich um ein Trennverfahren, wobei als charakteristischer Faktor die selektive Bindungsfähigkeit der Proteine zählt. Innerhalb einer Säule befindet sich ein Trägermaterial (in diesem Versuch eine Sepharose-4Cl-Protein-A-Säule HiTrap, an das ein Effektor (in diesem Versuch Protein A, da es selektiv mit den F_c-Regionen des IgG interagiert) kovalent gebunden ist. Dementsprechend kann daran nur das aufzureinigende Protein aus der Proteinlösung binden.

Anhand diesen Trennverfahrens kann das zu untersuchende Protein in unterschiedlichen Konzentrationen aufgefangen werden, da die Fraktionen regelmäßig zu je 2 Tropfen ab dem 5. Tropfen aufgefangen und für die photometrische Bestimmung (Kapitel 2.4) genutzt werden.

In der tatsächlichen Durchführung wurde die HiTrap Säule mit 5 ml PBS gewaschen (die HiTrap Säule wurde in Ethanol konserviert, Begründung wie Kapitel 2.2), dabei wurde darauf geachtet, dass die Zuflussrate von 1 Tropfen pro 4 Sekunden nicht überschritten wurde, da es sonst zu Schädigungen der Säule kommen könnte. Anschließend wurde die Probe mit einer Spritze (inkl. Kanüle) aufgezogen und (ohne Kanüle) unter Berücksichtigung der Zuflussrate auf die Säule gegeben. Parallel dazu wurden 12 Eppis mit je 10 µl Tris-Puffer

($C_4H_{11}NO_3$) mit einem pH-Wert von 9 vorgelegt. Nachdem die ganze Probe auf die Säule gegeben wurde, wurde mit PBS so lange gewaschen, bis das Hämoglobin aus der Probe ausgewaschen war (5 ml). Anschließend wurde mit Citratpuffer (100 mM, pH 2,5[2]) von der HiTrap Säule eluiert. Ab dem 5. Tropfen wurden 12 Fraktionen zu je 2 Tropfen (ca. 100 µl) in die zuvor vorbereiteten aufgefangen. Zum Abschluss wurde die Säule mit 3 ml Waschpuffer neutralisiert (gespült), dann mit 3 ml 20% Ethanol gewaschen und anschließend wieder in 20% Ethanol konserviert.

2.4 Photometrische Bestimmung

Unter der Photometrie versteht man die Messung von Lichtintensität (bzw. Lichtabsorption). Die Photometrie kann zur quantitativen chemischen Analyse eingesetzt werden. Proteine lassen sich spektrophotometrisch nachweisen, da die aromatischen Aminosäure-Reste eine $\pi\pi^*$ Absorption bei 280 nm zeigen (die Peptidbindung zeigt eine Absorption bei 250 nm). Wenn angenommen werden kann, dass das Lambert-Beersch Gesetz gilt, kann die Konzentration der Probe anhand der Extinktion ermittelt werden (vgl. Voet/Voet S. 110). Die Methode der photometrischen Bestimmung beruht auf der Extiktion der Aminosäuren Tyrosin und Tryptophan bei 280 nm (vgl. Diss. Berlin).

In der tatsächlichen Durchführung wurden 50 µl der aufegfangenen Fraktionen mit 750 µl PBS in UV-Küvetten überführt und durch Hoch- und Herunterpipettieren vermischt. Gleichzeitig wurde auch ein Leerwert für die Photometrie angesetzt, dazu wurden 5 µl Tris, 45 µl Citratpuffer und 750 µl PBS zusammengegeben. Bei der Photometrie wurde zunächst das Gerät mit dem Leerwert kalibriert. Anschließend wurden die 12 Küvetten nacheinander in die vorgesehene Öffnung mit der Markierung zur Strahlseite eingesetzt und die Extinktion gemessen. Die Werte wurden für die Auswertung (Kapitel 3) notiert und die Küvette mit der höchsten Konzentration für den Ouchterlony Doppeldiffusionstest (Kapitel 2.5) genutzt.

---

[2] 1,7 g/l Zitronensäure und 1,83 g/l Natriumcitrat.

2.5 Ouchterlony Doppeldiffusionstest

Der OL Doppeldiffusionstest ist zur Ermittlung der Konzentrationen von Antigenen und Antikörpern in unbekannten Lösungen bei Verwendung geeigneter Standardlösungen geeignet. Die Antikörper werden mit Antigenen in unterschiedlichen Konzentrationen (bzw. Verdünnungen) an verschiedene Stellen eines Agarosegels (in diesem Versuch 1g Agarose in 100 ml PBS) eingeführt. Diese diffundieren frei miteinander, wodurch opake Banden entstehen, da wo es beim Zusammentreffen von Antikörpern und Antigenen zur Präzipitat-Bildung kommt. Substanzen gleichen Konzentrationen diffundieren mit gleicher Geschwindigkeit durch das Gel. In die Mitte des Gels wird die Probe eingeführt (in einem Kontrolltest wird das anti-BSA-Serum eingeführt). Wenn die Konzentration der Antikörper größer als die Konzentration der Antigene ist, dann befindet sich die Präzipitatlinie näher zum Loch, welches das Antigen enthält (vgl. Skript, S. 9).

In dem tatsächlichen Versuch wurden zur Vorbereitung bereits 1 g Agarose in 100 ml PBS gelöst und Plastikpetrischalen mit einem Durchmesser von 3,5 cm zu 3-4 mm Höhe mit dem Gel gefüllt (durch die Betreuerin vorbereitet). Zur weiteren Bearbeitung wurden die OL-Platten mit 1 großen Vertiefung in der Mitte mit Hilfe einer abgeschnittenen blauen Pipettenspitze und 6 kleineren Vertiefungen kreisförmig um die Mitte mit Hilfe einer abgeschnittenen gelben Pipettenspitze versehen. Die OL-Platten wurden anschließend zur Erkennung (LA) beschriftet und die Öffnung mit der höchsten Konzentration markiert (dabei stand P für Probe und K für Kontrolle), wobei weiterhin ein Pfeil die Richtung der fallenden Konzentration markierte:

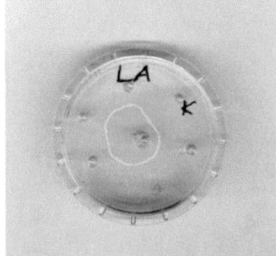

Selbsterstelltes Foto der Betreuerin

Gleichzeitig wurde eine BSA-Verdünnungsreihe erstellt. Dazu wurden 6 Eppis mit je 100 µl PBS befüllt. Zusätzlich wurden in das erste Eppi 100 µl BSA-

Stocklösung (10 mg/ml) hinzugegeben und vermischt. Aus dem ersten Eppi wurden dann 100 µl entnommen und in das zweite gegeben und vermischt. Dieser Vorgang wurde so oft wiederholt bis alle 6 Eppis die BSA-Stocklösung in unterschiedlicher Konzentration beinhalteten. Somit entstand eine Verdünnungsreihe bestehend aus 5 mg/ml, 2,5 mg/ml, 1,25 mg/ml, 0,63 mg/ml, 0,31 mg/ml und 0,16 mg/ml.

In die große Vertiefung der einen OL-Platte wurden 20 µl der Fraktion mit der höchsten Proteinkonzentration (ermittelt durch die Photometrie aus 2.4 → A = 0,074) gegeben. Die andere OL-Platte wurde mit 20 µl des anti-BSA-Serums als Kontrolle befüllt. In die kleinen Vertiefungen wurden je 5 µl einer BSA-Konzentration in kontinuierlich schwächeren Konzentrationen pipettiert. Die OL-Platten wurden verschlossen und kühl gelagert.

3 Ergebnisse

Zur Ergebnisssicherung sind die Auswertungen der Photometrie und des OL Doppeldiffusionstests relevant.

Photometrie:

Der Versuch ergab keine eindeutigen Ergebnisse. Für eine beispielhafte Auswertung wurden die Ergebnisse der zweiten Gruppe notiert und mit diesen gerechnet. Der Extinktionskoeffizient ε von IgG hat einen Wert von 1,35 (vgl. Diss. Berlin). Zur Berechnung der Konzentration wurde das Lambert-Beer'sche Gesetz genutzt:

$$-$$

A ist in dieser Formel die Absorption, ε markiert den Extinktionskoeffizienten, c ist die Konzentration und l ist die Schichtdicke der Küvette (vgl. Voet/Voet, S. 110). Eine beispielhafte Konzentrationsberechnung ist:

$$-$$

Es gilt $A = 0,067$, $\varepsilon = 1,35 \text{ L mol}^{-1} \text{ cm}^{-1}$, $l = 0,1$ cm. Es gilt:

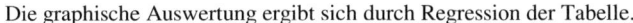

Die graphische Auswertung ergibt sich durch Regression der Tabelle.

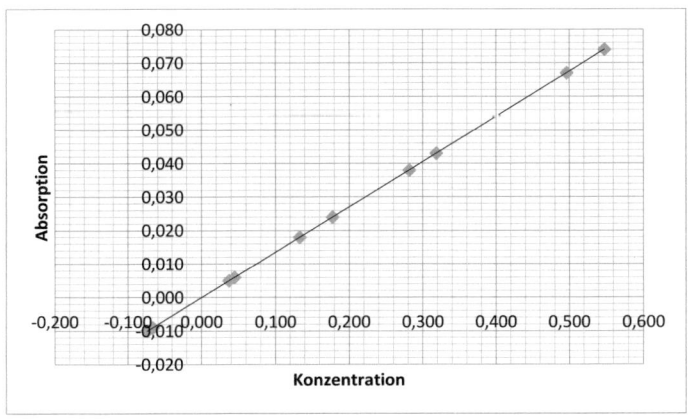

Konzentration x	Absorption y
-0,074	-0,010
-0,067	-0,009
-0,067	-0,009
0,037	0,005
0,178	0,024
0,548	0,074
0,496	0,067
0,319	0,043
0,281	0,038
0,133	0,018
0,133	0,018
0,044	0,006

Ouchterlony Doppeldiffusionstest:

Die Auswertung mit dem OL Diffusionstest hat nicht funktioniert. In der theoretischen Überlegung wurde festgehalten, dass Präzipitationslinien dort entstehen, wo Antigen und Antikörper in äquivalenten Konzentrationen aufeinandertreffen. Daher ist es möglich über Identität, Nicht-Identität und partielle Identität unterschiedlicher Antigene zu entscheiden. „Bei der Immunelektrophorese wird die Doppeldiffusionstechnik mit einem vorangestellten Elektrophoreseschritt (Elektrophorese) kombiniert; sie ist zur Analyse komplexer Systeme, z. B. eines artfremden Serums, geeignet." (Lexikon) Solche

Techniken werden zur Charakterisierung und Quantifizierung von Antigenen (u.a.) genutzt. Bei dem Kontrolltest konnten opake Linien vermerkt werden:

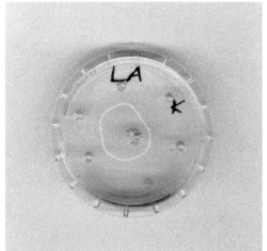

Selbsterstelltes Foto der Betreuerin

Der Kontrolltest ist somit ein Erfolg gewesen.

4 Diskussion

Photometrie:

Der Versuch ergab keine eindeutigen Ergebnisse. Mögliche Ursachen dafür könnten sein, dass Proteine sehr empfindlich sind und bei der Versuchsdurchführung zerstört wurden. Weiterhin konnte im ersten Versuchsbereich, der Ammoniumsulfatfällung, festgestellt werden, dass nach dem Zentrifugieren nur sehr wenig Produkt ausgefallen ist, wodurch die Konzentration des zu bestimmenden Proteins gegen Null zu streben scheint.

Ouchterlony Doppeldiffusionstest:

Die OL-Platte mit der aufgetragenen Probe hat nicht funktioniert bzw. es waren keine opaken Banden zu erkennen. Der Grund dafür könnte sein, dass die Protein-Konzentration in der Probe durch die gesamten Aufreinigungsschritte (Kapitel 2.1 – 2.3) zu gering geworden ist, so dass zwar die Möglichkeit besteht, dass opake Banden entstanden sind, diese jedoch so schwach ausgeprägt waren, dass sie nicht zu erkennen sind.

Dies bedeutet, wie bereits bei der Photometrie bemerkt, dass Proteine sehr empfindlich sind und wohlmöglich durch die vielen Aufreinigungsschritten die Protein-Konzentration stark abgesunken ist. Bei der Kontrollplatte sind opake Linien zu erkennen gewesen, da dort die Protein-Konzentration entscheidend höher war, da zum einen zusätzlich andere Antikörper (IgM, u.a.) im Serum enthalten waren (die Affinitätschromatographie hat alle Antikörper, außer IgG-Antikörper aufgrund ihrer spezifischen Bindungsfähigkeit, ausgewaschen) und zum anderen das Protein kaum durch Aufreinigungsschritte bearbeitet wurde.

Aufgrund der mangelnden Ergebnisse kann kein Vergleich zwischen dem Doppeldiffusionstest und der Extinktion vorgenommen werden. Hier bleibt aber zu vermerken, dass beide Methoden nicht sehr genau für die Bestimmung von Protein-Konzentrationen sind. Analytisch effektiver ist zum Beispiel die Kolorimetrie im Vergleich zur Photometrie. Bei der Photometrie kommt es oft zu Verunreinigungen, wodurch die Konzentration nur schwer messbar ist. Weiterhin ist es möglich eine zweite Messung der Extinktion im Bereich von 260 nm vorzunehmen, um die Werte zu korrigieren, zu dieser Erkenntnis sind Warburg und Christian gekommen (vgl. Matthies). Anstatt des OL Doppeldiffusionstests werden heute verbesserte immunchemische Methoden, wie z. B. ELISA genutzt (vgl. Lexikon).

5 Literaturverzeichnis

Matthies, Inge Elisabeth: Isolierung und physiologische sowie biochemische Charakterisierung eines Zearalenon-abbauenden Enzyms aus Mykoparasiten Gliocladium roseum. Dissertation, Hohenheim 2003. Zitiert als Matthies.

Praktikumsskript zum Versuch G-06, Affinitätschromatographie und Charakterisierung von Immunglobulinen, Fakultät für Chemie und Biochemie der Ruhr-Universität Bochum, Lehrstuhl für Biochemie II des Ruhr-Universität Bochum. Zitiert als Skript.

Voet, Donald/ Voet, Judith G./ Pratt, Charlotte W.: Lehrbuch der Biochemie, Weinheim ^{2}2010. Zitiert als Voet/Voet.

Vollhardt, K. Peter C./ Schore, Neil E.: Organische Chemie, Weinheim ^{4}2005.

Internetquellen:

https://data.epo.org/publication-server/image?imageName=imgb0007 &docId=4618943, Zugriff am 02.05.2016.

http://www.diss.fu-berlin.de/diss/servlets/MCRFileNode Servlet/FUDISS_derivate_000000003256/4_4Methoden.pdf?hosts=, Zugriff am 06.05.2016. Zitiert als Diss. Berlin.

http://www.spektrum.de/lexikon/biologie/agardiffusionstest/1428, Zugriff am 06.05.2016. Zitiert als Lexikon.

6 Anhang

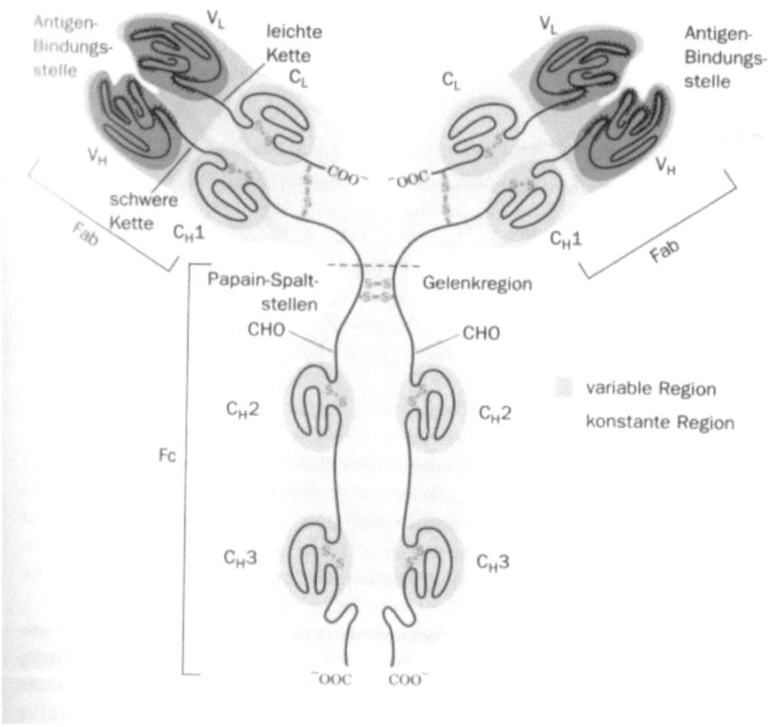

Abb. 1 Schematische Darstellung eines menschlichen IgG-Moleküls (Voet/Voet, S. 231).

BEI GRIN MACHT SICH IHR WISSEN BEZAHLT

- Wir veröffentlichen Ihre Hausarbeit, Bachelor- und Masterarbeit

- Ihr eigenes eBook und Buch - weltweit in allen wichtigen Shops

- Verdienen Sie an jedem Verkauf

Jetzt bei www.GRIN.com hochladen und kostenlos publizieren